U0084404

簡・單・種
綠色植物

植物殺手也能
養活的紓壓盆栽

美好生活實踐小組◎編著

愛上花草，為生活添綠意

我很喜歡花花草草，覺得一年四季因為有了它們，更添些許顏色，也讓我們明顯感受到四季的更迭。

但我開始發現植物的美，卻是在做這本書之後。

因為做了這本書，隨意走在路上，看見騎樓間總會擺放幾株盆栽，或是公寓的陽台也會有豔麗的花朵正搖曳生姿，赫然發現，這些植物正是書中出現的，而我也從這些盆栽的生長中，逐一的與書中內容印證，看到葉子萎靡不振，我猜得出它可能水分不夠；或是葉子略微枯黃，可能是爛根了；又或者是莖葉徒長，我知道它渴望著陽光……，這種種的栽培知識，讓我與植物更接近。

植物的生命力總是讓人訝異，我曾種了一盆石蓮花，因為出國的關係，丟在家中近1個月，回來還是活得好好的；但也曾細心照顧一株松葉牡丹，卻因為給水過多，沒多久就病懨懨的，後來按圖索驥給予適量的水分才又活過來。植物像是了解你的心，只要用心，它們也會以最美的那一面回饋給你。

本書設計了3大面向—不怕渴、不怕黑、不怕晒的植物，讀者們可以依據自己家裡或辦公室的位置選擇適合的植物。一開始可能怎麼種怎麼死，但是多點耐心、多翻翻書，你會知道植物沒有那麼容易被養死，一旦養出興致來，回饋給你的就是滿眼綠意或滿室馨香！

如何使用本書

❶ Part2 不怕氣閱悶入陰客

❸

心葉蔓綠絨
Parlor Ivy

擁有渾身的心形葉片，常慕招顯又富有�的空氣（二氧化碳）淨化壓力，抑使在光線非常微弱之處也能與生存，相當耐蔭，是最常見的高碩室內栽栽裝飾之一。在玄關、窗台、客廳、書房，甚至臥房都很適合擺放。

❷

❹ DATA

分類：腎蕨科 / 腎蕨屬
特性：喜歡潮麗的環境，耐陰性強
飼養重點：葉型呈現應你的愛心形狀，非常耐看。

// 怎麼挑 //
葉片心形輪廓明確、葉片顏色翠綠的植株。

❺ // 怎麼種 //
光線：微弱或明亮的環境
水分：土壤表面乾後澆水。
施肥：每季施肥 1 次
土質：以保水力強、通氣性良好者的培養土為主。
繁殖：春季或初夏以扦插法繁殖。

❻ 栽種小訣竅

心葉蔓綠絨的根很細弱，回復力較大需要清楚植株栽倒小。分別澆淋也出了，即可移倒。如心葉蔓綠絨有害蟲的環境，若放不定時，回復，對半料後，可以補之情是方便間也適合方。

50

❶ **本書分成 4 大單元：**

PART ① 超好養的綠色植物這樣種

PART ② 不怕渴—耐旱的綠色植物

PART ③ 不怕黑—耐陰的綠色植物

PART ④ 不怕熱—耐晒的綠色植物

❷ **植物中英文名稱**

❸ **簡單介紹植株**：讓你對它有些認識。

❹ **植物的基本資訊**：植物的屬種、特性等，讓你先了解。

❺ **怎麼挑選好植株**：怎麼種，看你家裡適不適合它。

❻ **栽種小訣竅**：簡單說明讓你的植株種得更得心應手。

目錄

CONTENTS

PART ①
超好養的
綠色植物這樣種

PART ②
不怕渴－
耐旱的綠色植物

PART ③

不怕黑—
耐陰的綠色植物

PART ④

不怕熱—
耐晒的綠色植物

PART ① 超好養的 綠色植物這樣種

盆栽植物不論置於室內或陽台，
日常的照顧與維護並不難。
每天花個 5 分鐘，或澆水、或施肥，
還是幫植物修剪殘花與枯葉，
就能讓你的植物頭好壯壯，
照顧好植物，也療癒了你的身心。

7 招照顧好你的室內植物

很多人對照顧植物望之卻步，最主要的原因就是不曉得如何照顧，深怕自己一不小心成了植物殺手！尤其花市老闆總說超好養的植物，為什麼放在室內或陽台沒幾天就失了顏色？實在很令人傷腦筋。

其實，先搭配本書後面「不怕渴」、「不怕黑」、「不怕熱」等單元選擇你喜歡的植物，再學會以下幾招，輕輕鬆鬆照顧好你的植物不是夢！

第 1 招　準備好工具

想要照顧好植物，擁有一些基本的工具，會讓你的園藝照護更順手。

花灑水壺：因為出水孔分布密集，因此噴灑出來的水分較為均勻，還可以順便清潔葉面。

尖嘴噴水壺：有些植物不適合直接淋水，可以使用此壺直接將水注於土壤上。

噴霧器：有些耐陰或喜歡潮濕環境的植物，需要利用噴霧器製造出水霧，創造出良好的環境。

鏟子與耙子：鬆土、換盆時使用，視盆栽大小選擇。

工作手套：搬運或者修剪、施肥時使用，以免傷手。

枝條剪：某些植物的枝條較硬較粗，需要使用特殊的枝條剪來修剪。

第 2 招　讓植物適應新環境

植物和人類一樣，到一個陌生的環境需要適應期，如果原本是養在陽光充足的植物，買回來直接放在室內，沒多久植物的葉片就會發黃掉光。因此剛買回來的盆栽，也要給它一點時間適應新家。這樣讓植物在適應新環境的過程，稱為「馴化」。如果是要將原本擺放在明亮處的盆栽移到較暗處，則將買回來的盆栽擺在較明亮通風窗口附近，每隔一周就將盆栽往室內方向移動，直到預定擺設的位置。這個過程是讓植物漸漸適應稍暗的環境，如此一來，一段時間後葉片的葉綠素結構會慢慢改變，使它能適應稍弱的光線。反之亦然，對於從原本種在陰暗處的植物要挪到明亮處，也是要經過「馴化」的過程。要注意的是，「馴化」的過程建議只要保持土壤濕即可，無需過度澆水，也不需要施肥。

第 3 招　選擇適當的位置

光線對植物來說是基礎需求，雖然有些耐陰的植物對陽光的要求不強，卻也不是完全不需要。因此替植物選好最適合它的生存位置非常重要。

如果因為家庭因素而無法讓植物置於最適合它的位置，那麼三不五時將它移到戶外陽台晒一下陽光，或是同樣的植物買 2 盆，一在陽台一在室內，每周輪替一次，也是個好方法。

第4招　澆水大秘訣

植物到底幾天澆一次水呢？其實並沒有一個確切的答案，而是得看植物種類、盆土的性質及置放的位置。植物澆太多澆太少水都會生長不良，因此最基本的原則是：土乾了再澆！

如果發現盆土的表層一公分左右的土色變淡，摸起來乾乾的，甚至是整盆重量變輕時，就表示水分不夠了，此時澆水要將整個盆土澆透或讓它吸足，並使多餘的水分自盆底流出。剛開始可能還無法掌握澆水的訣竅，多觀察幾次就會比較了解，同時也能掌握每一盆植物澆水的周期性，植物自然而然就會長得好又漂亮。

至於如果遇到放長假或出國旅遊時，家裡的植物也不能沒水喝，建議可以在土壤上鋪蓋能減緩水分蒸發的「乾水草」；如果是好濕的植物，盆栽下可放淺水盆，如果是一般植物，則以「虹吸點滴法」來照顧。

第5招　盆栽的換盆與添土

經過細心的照顧，植物會逐漸長大，此時從花市或園藝店買回來的盆器和土量已不敷使用，植物生長逐漸緩慢下來，盆底甚至還有根系長出來，這是這盆植物的家已經太小容不下，該幫它換盆的時候了！

至於器器大小，通常是比原來的大上1～2吋，換盆時先將舊土剝落，同時剪掉壞死及過多的根，而因為換盆時原本的土壤養分也已消耗殆盡，因此建議挑選適合植物的土壤，同時更新培養土。

第6招　適當施肥讓植物更強壯

從花市買回來的植物，每一株都是頭好壯壯。將植物買回家，除了放在適當的位置、給予合宜的水分外，想要植栽活得久、生長旺盛，施肥就一定不能少，因為唯有足夠的養分才能讓植物長得漂亮健壯，因此將盆栽買回家後仍要適當供給肥料，以供生長所需。

一般來說，植物基本需要含氮、磷、鉀複合肥料。氮主要是促進植物葉片和莖的生長；而磷則是讓根部發展健壯及葉色美麗；至於鉀則強健莖幹，讓植物生長良好。

由於室內植物大多以盆子栽培，盆子容納的土壤有限，建議選擇安全且釋肥穩定的肥料，少量多次，如此不僅可以提供養分，還能避免肥傷。

要注意的是無論使用化學肥或是有機肥，建議選擇有肥料登記證、經檢驗合格的產品。同時施肥也要適當，加倍施肥並不會讓植物加倍成長，反而可能造成肥傷。

第7招　摘除殘花修枯葉

和人一樣要整理儀容，才會顯得容光煥發；自家培養的花草植物也是一樣，經過適當的修剪，才能更易成長茁壯。

不論是灌木還是草本植物，都需要適當的修剪。修剪不但可以促進分枝，還能讓植物更好開花，特別是在冬天修剪枝椏，是為了春季萌發新枝；如果是在開花後修剪，則是為了去掉殘花、花莖，如此一來還能促進二次開花。

只要經過上述簡單的7招，加上細心的照護，相信你的盆栽就能長得快、長得好，年年長綠、經常開花，「植物殺手」的惡名，再也輪不到你了！

PART ②

不怕渴
耐旱的綠色植物

這類的植物不要太努力澆水，
過多的水分會讓它們淹死、爛根，
因此見土乾了、盆子輕了再澆，
它們就會長得快又長得好！

日日春

Pericuinkle

原產於馬達加斯加、印度的日日春，屬於多年生草本植物，有長春花、四季花等別名，全株有毒。誤食會有四肢麻痺、無力等現象。它和夾竹桃相似，折斷莖葉會流出有毒的白色乳汁，味道也不太好聞。

DATA

分類：蘿藦科 / 長春花屬

特性：耐高溫又耐乾旱

觀賞重點：春季到秋季為花期，豔麗的花朵是觀賞重點。

// 怎麼挑 //

莖枝細長強健，分枝多的植株。

// 怎麼種 //

光線：喜高溫耐旱，日照需良好。

水分：耐旱，耐瘠，在培養土乾燥時才從植株基部充分澆水，勿澆淋全株。

施肥：少量多次施肥。

土質：任何土壤皆可，但土壤一定要先翻鬆。

繁殖：播種於 4 月初進行；或於春季取老植株上的嫩枝扦插繁殖。

種植小訣竅

日日春耐熱耐旱，病蟲害少，生長、開花均要求陽光充足，春至秋是花季。花團錦簇易爆盆，在溫暖的地區花期可以是一整年。

仙人掌

Cactus

仙人掌屬於多肉植物之一，它種類多、形態千奇百態，是很適合種植在盆栽的室內觀賞植物。仙人掌因品種不同，肥厚的莖柱刺也有針狀、粗刺等差別，色澤也有黃、白、綠的差異，有些還會開出美麗的花。

DATA

分類：	仙人掌科 / 仙人掌屬
特性：	喜高溫環境，耐旱程度很高、忌盆土積水。
觀賞重點：	全年皆為觀賞期，除了植株的體態之外，花朵也是觀賞重點。

// 怎麼挑 //

選擇植株飽滿、挺立、體色亮麗且有光澤，且正在冒新刺的植株。

// 怎麼種 //

光線：通風且日照充足。
水分：1～2周澆水1次。
施肥：每3個月施肥1次，秋冬可以不施肥。
土質：排水透氣良好的石灰質砂土或砂質土。
繁殖：以扦插、分株法為主，春、秋兩季都適合。

種植小訣竅

仙人掌幼株建議每年換盆一次，成長的植株則不需年年換盆。但發現盆中養分越來越少、土質變硬，不利排水與透氣，則每隔2～3年換盆一次。

白紋草

Striped Bracketplant

白紋草栽培容易，是常見的室內觀葉植物。因狹長的葉緣上有明顯的白色或淡黃色的鑲邊條紋，頗具觀賞價值，不管是水耕或土耕栽培，都不須特別照顧，就可以長得很好，是很受歡迎的盆栽或是吊盆植物。

DATA

分類：天門冬目 / 龍舌蘭科 / 吊蘭屬

特性：性喜高溫多濕的環境，耐旱也耐濕。

觀賞重點：春～秋季為觀賞期，線形的葉子自然下垂，每一株都有不同的姿態，頗具觀賞價值。

// 怎麼挑 //

選擇全株外形美觀、葉色翠綠且白色葉緣鑲邊條紋顯著的植株。

// 怎麼種 //

光線：明亮散射光線即可，避免強烈陽光直射。
水分：每周澆水 1～2 次。
施肥：每 3 個月施肥 1 次，秋冬可以不施肥。
土質：選用排水良好的砂質土或腐植土為佳。
繁殖：以扦插、分株法為主，春、夏兩季都適合。

種植小訣竅

當白紋草的莖葉如太過擁擠，建議換盆、換土或分株另植，才能讓成長良好。

石蓮花

Peacock Echeveria

多枝葉片重疊簇生，形似蓮花座而得名，也因葉片厚實有光澤，如寶石般，所以也叫寶石花，是生命力很強的多肉植物，極具觀賞價值。除觀賞外，還可食用，是口感微酸的純鹼性食品，含豐富的維生素及礦物質。

DATA

分類：景天科 / 擬石蓮花

特性：非常耐旱

觀賞重點：形如蓮花的小巧植株，像是一朵朵盛開的蓮花，極具觀賞價值。

// 怎麼挑 //

葉片厚實，無徒長或萎縮的植株。

// 怎麼種 //

光線：以全日照或半陰環境均可。
水分：待盆土開始乾燥才可以澆水。
施肥：生長期每月施肥 1 次。
土質：富含腐殖質的砂質土。
繁殖：春、夏以莖或葉扦插。

種植小訣竅

早春是換盆最佳時機，趁機清理萎縮的枯葉及過多的子株。生長超過 2～3 年以上的石蓮花，植株已逐漸老化，可以培育新苗來替換。

冷水草

Aluminum Plant

葉色美、很耐陰，有透明草之稱的冷水草，原產於越南。青翠的綠葉搭配著銀白色塊紋，非常耐看，不論單盆賞葉，或是做為群植植栽都很適合。冷水草雖然耐陰，卻也喜歡充足光照，但要避免強光直射。

DATA

分類：	蕁麻科 / 冷水花屬
特性：	耐陰耐旱
觀賞重點：	雖然沒有漂亮的花朵，但鮮明的白綠色葉片一年四季都不失色。

// 怎麼挑 //

莖葉健康有精神，沒有爛根、枯萎情況的植株。

// 怎麼種 //

光線：光線為中至弱的散光處，避免強光直射。
水分：根部害怕潮濕，等泥土開始乾燥才澆水。
施肥：生長旺期每月施肥一次。
土質：排水良好，富有機質土壤為佳。
繁殖：春或夏季時扦插。

種植小訣竅

冷水草是好養的植物，不管是室內還是室外都可栽培。適當的澆水、進行光照，及施肥和養護環境的溫度，就能擁有頭好壯壯的植株。

松葉牡丹

Rose Moss

原產南美巴西，有午時花、草杜鵑、太陽花、龍鬚牡丹等別名的松葉牡丹，是一年生肉質草本植物。它十分耐旱卻不太耐寒，花色豐富，花形有重瓣或單瓣，常在中午花開最盛，除盆栽外，在石礫地、牆頭上也很常見。

DATA

分類：	馬齒莧科 / 馬齒莧屬
特性：	耐高溫又耐乾旱
觀賞重點：	春季到秋季為花期，豔麗的花朵是觀賞重點。

// 怎麼挑 //

肉質莖葉健康、茂盛的植株。

// 怎麼種 //

光線：全日照或半日照的陽光，入冬要避寒。
水分：減少澆水次數，等盆土乾了再澆即可。
施肥：每月施一次肥。
土質：水性絕佳的砂質土。
繁殖：種子或扦插皆可，但以扦插為主，夏季最適合。

種植小訣竅

松葉牡丹非常容易種植，不論泥盆、瓷盆、塑膠花盆等底部能夠滲水的容器皆可。它的病蟲害極少，如果一盆中扦插多個品種，花開時擁有各色花朵，欣賞價值更高。

虎紋鷹爪

Zebra Plant

又有「鷹爪蘆薈」之稱的多肉植物，因外型像老鷹的爪子螺旋向上生長，在風水上有防賊護家之意，而其爪向內包覆，還有抓錢、保財庫的意涵，不僅能淨化室內空氣，還有招財防賊的美意，無怪乎深受消費者喜愛。

DATA

分類：百合科 / 鷹爪草屬

特性：耐蔭、耐旱

觀賞重點：深綠色的葉子背面，長了許多像糖霜的白色凸點，非常可愛。

// 怎麼挑 //

全株葉面呈肥厚質狀，葉尖朝天的植株。

// 怎麼種 //

光線：散光。
水分：極耐旱，土不乾不澆，澆則要澆透。
施肥：無需施肥。
土質：疏鬆透氣的泥炭土為佳。
繁殖：易爆側芽，因此多為枝插，亦可以葉插繁殖。

種植小訣竅

非常容易照顧，忘了澆水也不容易枯萎；大太陽曝晒也無所謂；水澆太多也沒關係；沒有什麼光線也 OK，是一種超級容易種植的多肉植物。

阿波羅千年木

Compact Dragontree

俗稱太陽神，能夠生產氧氣、降低二氧化碳濃度，葉片也能有效減少空氣中的落塵（灰塵），同時也能夠降低揮發性有機污染物在室內空氣的濃度。加上它不需要太多照顧，就能長得很好，是個適合粗養的植物。

DATA

分類：龍舌蘭科 / 龍血樹屬

特性：能忍受微弱光源的環境

觀賞重點：葉片濃綠、葉片緊密生長在莖幹上，看起來像是一把綠色花束。

// 怎麼挑 //

深綠又閃亮的葉片，既吸睛又極具氣勢外表的植株。

// 怎麼種 //

光線：能忍受微弱光源的環境。
水分：極耐旱，乾了再濕是最佳的澆水節奏。
施肥：建議春季時施肥，每隔 1 個月施肥 1 次。
土質：一般的培養土即可。
繁殖：建議在春季取帶葉的莖節來扦插繁殖。

種植小訣竅

耐陰性極佳的阿波羅千年木，若受到強烈陽光的照射，葉片會產生焦黃，因此在室內種植是最佳選擇。

馬纓丹

Common Lantana

別名如意草、五色梅等的馬纓丹，雖然為有毒植物，卻也是蝴蝶蜜蜂最佳食草之一。外來種的馬纓丹計有大葉系、小葉系及匍匐性品種，全年開花，花色多、顏色豔麗，是既耐乾又耐濕的觀賞植物，全台都很常見。

DATA

分類：	馬鞭草科 / 馬纓丹屬
特性：	性喜高溫，耐瘠抗風
觀賞重點：	全年皆為觀賞期，豔麗的花朵是觀賞重點。

// 怎麼挑 //

選擇健康、挺立、葉子茂盛的植株。

// 怎麼種 //

光線：全日照或半日照的陽光。
水分：每周澆透水一次。
施肥：春季施一次腐熟的有機肥料即可。
土質：排水良好、疏鬆肥沃和微酸性的砂質土。
繁殖：以扦插為主，秋季最適合。

種植小訣竅

馬纓丹是種強健的蜜源植物，病蟲害少，也不需多照顧就可開花良好。生長過於旺盛的馬纓丹，枝條若沒有修剪，容易顯得凌亂，建議春天可以強行剪枝，促進新枝生長。

庫拉索蘆薈

Aloe

蘆薈屬於淺根系多年生多肉草本植物，葉片水分含量高達 90% 以上。它的品種多、用途廣，常被運用於腸胃保健，燒燙傷或刀傷、瘀青，更是化妝品的珍貴原料來源。除了觀葉外，冬季是它開花期，花色有黃色跟橘色等，相當美麗！

DATA

分類：	阿福花科 / 蘆薈屬
特性：	性喜陽光、耐旱、耐寒、耐陰
觀賞重點：	觀賞用 / 藥用

// 怎麼挑 //

選擇全株外形美觀、葉色翠綠的植株。

// 怎麼種 //

光線：喜愛陽光，可不遮陰，但幼苗在夏天要注意遮陰。
水分：不乾不澆，寧可少水不能多水。
施肥：每年一次或不施肥。
土質：鬆軟的砂質土。
繁殖：5 至 9 月以分株法移植為主。

種植小訣竅

如果發現蘆薈葉片發黃、發軟、捲曲，大部分的問題是多餘的水分積存在土壤里，阻礙根部呼吸所導致。

彩虹竹蕉

Rainbow Tree

又稱為五彩千年木。生長速度慢，因為葉片細長，色彩五彩繽紛像彩虹，所以才被稱為「彩虹竹蕉」。耐旱、耐陰、也耐強光，剪下莖葉插在瓶罐上也能發根，是很多人喜愛放在窗旁的觀葉植物，當花材也很受歡迎。

DATA

分類：龍舌蘭科 / 虎斑木屬

特性：性喜高溫多濕，但耐旱、也耐陰、也耐強光

觀賞重點：葉片五彩條紋斑駁，顏色深淺不一，十分好看。

// 怎麼挑 //

葉幹渾圓、葉叢茂密、色彩鮮豔的植株。

// 怎麼種 //

光線：可忍受低光環境，但擁有中低光度以上的環境為佳。
水分：土壤稍微乾燥後再澆水。
施肥：每 2 個月施肥 1 次。
土質：以排水良好的砂質土為佳。
繁殖：可以扦插法繁殖，春至夏季最佳。

種植小訣竅

光線不足時，下方的葉片容易掉落、葉片顏色也有消退現象，因此不要長期擺放在昏暗的室內位置，可定時移到戶外接受充足的照明。

斑葉毬蘭

Wax Plant

頗受歡迎的厚葉開花植物，具攀爬性。品種繁多，有花葉、皺葉等。每年四、五月開花，花開時一大團粉色小花組成一個圓球，而且非常香，花色也多。要注意的是毬蘭花開在同一個部位，花謝後記得不要剪去開花的莖。

DATA

分類：蘿藦科 / 毬蘭屬

特性：耐蔭、耐旱

觀賞重點：開花時賞花，不開花的季節就欣賞美麗的斑葉，尤其新長出的葉片有時會是粉紅色，非常可愛。

// 怎麼挑 //

葉子厚實有光亮的植株

// 怎麼種 //

光線：明亮的散射光。
水分：耐旱，澆水每周 1 ～ 2 次。
施肥：生長季每 1 ～ 2 個月施肥一次。
土質：疏鬆且排水良好的腐葉土、泥炭土為佳。
繁殖：春至秋季皆可扦插。

種植小訣竅

光線多寡會影響毬蘭開花的程度，置於室內最明亮處（非陽光直射處），就可以擁有翠綠的葉色，同時容易開花。

短葉虎尾蘭

Snake Plant

虎尾蘭也是多肉植物，它擁有「空氣清淨機」稱號，可吸收室內 80% 以上的有害氣體。植栽分高種與矮種，可適應全日照到較陰的環境，而且矮種比高種更耐陰。非常耐乾旱，是室內盆栽植物的入門首選！

DATA

分類：	龍舌蘭科 / 虎尾蘭屬
特性：	非常耐乾旱
觀賞重點：	主要是觀賞葉片，葉片為綠、白、黃色組合而成，非常別致。

// 怎麼挑 //

葉片健康，植株生氣蓬勃。

// 怎麼種 //

光線：以全日照或較陰環境均可。
水分：室內種植可 2～3 周澆水 1 次。
施肥：2 個月添加一次肥料。
土質：疏鬆具透氣性的砂質土。
繁殖：春夏交接或夏秋交接以分株或扦插繁殖。

種植小訣竅

短葉虎尾蘭生長約 1～2 年後，根鬚就會擴展至整個花盆，建議換盆處理，才能讓它生長更加繁茂。

黃邊百合竹

Song of Jamaica

百合竹有著「百年好合竹報平安」之意，而黃邊百合竹的葉片還鑲著黃邊，更顯特殊。這植物耐蔭性極佳，適合在室內種植、觀賞，除土耕之外，還可水培，是非常漂亮的室內高檔觀葉植物之一，也是常見的插花用葉材。

DATA

分類：	龍舌蘭科 / 龍血樹屬
特性：	性喜高溫多濕，但耐旱、也耐陰
觀賞重點：	葉中呈金黃色縱紋，煞是美麗。

// 怎麼挑 //

葉片茂盛、葉面黃色鮮豔的植株。

// 怎麼種 //

光線：全日照、半日照均可。
水分：極耐旱，每周澆水 1 次。
施肥：每月施肥 1 次。
土質：以腐葉土或富含有機質的砂質土為佳。
繁殖：可用播種法或扦插法，扦插以春、秋季為主；春至夏季為播種期。

種植小訣竅

為了讓植株能夠垂直且勻稱的生長，定期轉動花盆 1/4 圈讓陽光能夠均勻照射，是種植的秘訣。

鴨腳木

Umbrella Tree

原產爪哇、新幾內亞至澳洲熱帶氣候區，是良好的蜜源植物。葉色濃綠、掌狀複葉，葉形如鴨腳而得名。花開時紅色小花猶如章魚腳，因而又有「章魚樹」之名。早期是做為木屐、冰棒棍、火柴棒的主要原料。

DATA

分類：	五加科 / 澳洲鴨腳木屬
特性：	葉色四季濃綠，光澤明亮
觀賞重點：	碩大的掌狀複葉，像把傘及鴨腳，深紅色花微小，全花序開花朵數可達上千朵，非常迷人。

// **怎麼挑** //

莖幹粗壯、枝葉茂盛的植株。

// **怎麼種** //

光線：全日照至半日照。
水分：極耐旱，每 3 ～ 4 天澆水 1 次。
施肥：每季施肥 1 次。
土質：排水良好的砂質土即可。
繁殖：採用扦插與空中壓條法。

種植小訣竅

鴨腳木喜歡生長在溫暖濕度高的環境，最怕太陽直射。培養時只要給它明亮的散射光即可，但環境需通風良好，土壤的排水佳、肥沃。

繁星花

Star Cluster

為多年生草本植物，花期長，觀賞價值極高，花色多樣，常見的有紅、白、粉等色，花期從春天到初秋，幾乎是全年盛開的觀賞植物。特別的是它可以培育成不同系列，其中「蝴蝶夫人」就是一個名貴品種。

DATA

分類：茜草科 / 繁星花屬

特性：耐旱又耐高溫

觀賞重點：整年均為花期，盛開時如數十朵的星星小花聚集成一個花團，是觀賞重點。

// 怎麼挑 //

莖直立，生長力強的植株。

// 怎麼種 //

光線：以全日照或半日照為宜。
水分：對水分的需求不大，在乾旱下生長的速度更快。
施肥：生長期及開花期均需施肥。
土質：採用疏鬆、排水透氣性良好的土質。
繁殖：有播種及扦插兩種，春季或秋季播種皆可；若採用扦插法，則以春、秋 2 季最適合。

種植小訣竅

生長期須注意修剪，讓株冠勻稱；主要病蟲害為灰斑病、紅蜘蛛等，保持栽培場所清潔、使用無菌的土壤等方式可有效控制。

雞冠花

Common Cockscomb

雞冠花為一年生草本植物，原產於印度，因外型像「雞冠」而得名。常見有羽狀、頭狀及麥穗形雞冠花等。有人稱它為「五色祥雲」，它可入詩、入畫、入藥、入菜，也極具觀賞價值，在民間祭祀上更是有著重要地位。

DATA

分類：	莧科 / 青葙屬
特性：	不耐濕
觀賞重點：	花序上的小花由下往上依次開放，花序越開越壯觀，十分美麗。

// 怎麼挑 //

莖葉健康有精神，冠狀或穗狀花序飽滿不枯萎的植株。

// 怎麼種 //

光線：全日照。
水分：根部害怕潮濕，等泥土開始乾燥才澆水。
施肥：苗期及成長期每周施肥 1 次。
土質：肥沃砂質土或通氣良好的腐葉土為佳。
繁殖：一般都在 4 ～ 5 月播種繁殖。

種植小訣竅

雞冠花喜愛陽光，因此在生長期間日照一定要充足，開花時澆水更要小心，不要過度澆水，同時要摘除多餘的花芽。

PART ③

不怕黑
耐陰的綠色植物

這類植物不需要太熱情的陽光，
略陰或柔和，甚至是散光，
就能讓它們活得很好！
找個好角落，布置好它們的家吧！

心葉蔓綠絨

Parlor Ivy

擁有浪漫的心形葉片，容易照顧又擁有絕佳的空氣（二氧化碳）淨化能力，即使在光線非常微弱之處也能夠生存，相當耐陰，是最常見的高級室內植栽裝飾之一，在玄關、窗台、客廳、書房，甚至臥房，都很適合擺放。

DATA

分類：腎蕨科 / 腎蕨屬

特性：喜歡潮濕的環境，耐陰性強

觀賞重點：葉片呈現漂亮的愛心形狀，非常耐看。

// 怎麼挑 //

葉片心形輪廓明顯、葉片顏色翠綠的植株。

// 怎麼種 //

光線：微弱或明亮的環境。
水分：土壤表面乾就澆水。
施肥：每季施肥 1 次。
土質：以保水力強、通氣性良好的培養土為主。
繁殖：春季或初夏以扦插法繁殖。

種植小訣竅

心葉蔓綠絨雖然耐旱，但過度缺水還是會讓植株軟趴趴，立即補充水分，即可恢復；心葉蔓綠絨為耐陰植物，但如果節間（間距）越來越長，可以將它移至光線明亮處幾天。

毛萼口紅花

Lipstick Plant

為多年生附生肉質小灌木，原產於東南亞一帶。它是少數會開出豔麗花朵的吊盆植物之一。目前台灣栽培的品種主要是蒙娜麗莎、細葉及斑葉等品種。耐蔭性極佳，可栽培於稍陰暗處，開花時再移至柔和漫射光處即可。

DATA

分類：	苦苣苔科 / 口紅花屬
特性：	具空氣淨化的功能，植株甚為耐陰
觀賞重點：	濃綠的葉片如打過蠟似的，眾多枝條傾盆而下，各有不同的美。

// 怎麼挑 //

葉片濃綠帶光澤、莖條分枝多的植株。

// 怎麼種 //

光線：性喜溫暖，稍陰環境。
水分：一天一次，冬季一周一次。
施肥：每 3 個月施肥 1 次。
土質：需要排水及通氣性良好的腐葉土混合蛇木屑栽培。
繁殖：於春、秋季以扦插法繁殖。

種植小訣竅

若發現葉片變紅，可能是光照過強或是室溫過低，補救方法是提高室溫。室溫過低還會引起枝條枯萎或葉片脫落等現象。

白網紋草

Nerve Plant

匍匐生長的莖，長有粗毛，翠綠葉片呈現卵圓狀，有著銀白色的葉脈，屬小型觀葉盆栽植物，其葉片與莖節有如木本植物的硬度，種植於室內植物就能有生龍活虎般的生命力，淨化室內空氣效果極好，深受很多花友的喜愛。

DATA

分類：	天南星科 / 網紋草屬
特性：	喜歡高溫高濕的環境
觀賞重點：	小巧可愛的植株、清晰的葉脈紋理是欣賞重點。

// 怎麼挑 //

葉脈網絡清晰、莖葉濃綠茂盛。

// 怎麼種 //

光線：微弱光或明亮光均可。
水分：每日澆水 1 次，不可積水。
施肥：春秋兩季各施肥 1 次。
土質：鬆肥沃、保水性強的土壤。
繁殖：春秋季以扦插、分株及壓條法繁殖。

種植小訣竅

耐陰性強，直射葉片容易焦黑枯萎；光線若是太陰暗，葉片紋路色彩也會變淡。擺在室內明亮處生長就能健康。

白鶴芋

Peace Lilies

白鶴芋為多年生草本植物，葉片像船帆一樣，有著一帆風順、事業有成的意寓，在風水學上，還具有保護平安作用，因此深受消費者喜愛。此外，它可以吸收室內的廢氣和甲醛，很多裝修完的房間喜歡放幾盆白鶴芋淨化空氣。

DATA

分類：	天南星科 / 白鶴芋屬
特性：	具空氣淨化的功能，植株甚為耐陰
觀賞重點：	花開時白色的「苞片」可以持續幾周到兩個月。

// 怎麼挑 //

葉片油亮、無破損的植株。

// 怎麼種 //

光線：光線微弱至柔和處皆可。
水分：1 周 1 次。
施肥：每 2 個月施肥 1 次。
土質：肥沃的砂質土。
繁殖：每年 5 月底至 6 月初以分株繁殖。

種植小訣竅

如果過久忘記澆水，而發現葉子略微下垂，馬上澆水，一下子就可以看到白鶴芋復活。

西瓜皮椒草

Watermelon peperomia

又叫作「豆瓣綠椒草」，是多年生草本植物，葉色條紋很像西瓜，一整年都綠油油的，相當討喜。行光合作用很強，可吸收大量的二氧化碳，對油煙和灰塵的吸收作用也很強，是一種可以淨化空氣的植物。

DATA

分類：胡椒科 / 草胡椒屬

特性：喜歡濕潤環境，但要減少明顯的水分變動

觀賞重點：如西瓜皮般的葉子，翠綠分布著灰白色紋路。

// 怎麼挑 //

葉片表面濃綠與灰白線條明顯的植株。

// 怎麼種 //

光線：具有耐陰特性。
水分：盆土表面乾時才澆水。
施肥：每年春秋施肥 1 次。
土質：肥沃、疏鬆、排水好的砂質土。
繁殖：春季時採扦插繁殖。

種植小訣竅

澆水頻繁、通風不好，容易造成葉片腐爛，不需要施厚肥，種植環境保持溫暖濕潤，盆內切記不可積水。

西洋文竹

Setose Asparagus

文竹為「文雅之竹」之意，它並不是真正的竹子，因植株的枝條有節似竹而得名。成熟的文竹葉子會蔓生下垂且具飄逸感，是新娘捧花的主要葉材之一，也是著名的室內觀葉花卉，因此常被栽種成小盆栽出售。

DATA

分類：百合科 / 天門冬屬

特性：性喜溫暖濕潤和半陰環境，不耐寒，不耐旱，忌陽光直射。

觀賞重點：葉片輕柔，經年翠綠，枝條有節似竹，姿態文雅。

// 怎麼挑 //

整株形態優雅、莖葉豐盛呈嫩綠色的植株。

// 怎麼種 //

光線：半陰或明亮散光。
水分：夏天 2 天 1 次、冬季 1 周 1 次。
施肥：不施肥或少施肥。
土質：需要排水及疏鬆良好的砂質土。
繁殖：春至初夏以分株及播種為主。

種植小訣竅

種植處最好有部分光照或是明亮的散射光，一定要避開強烈的日照，以免葉片被晒傷。植株缺水時，葉片會變黃或掉葉，因此要注意水分的補充。

波斯頓腎蕨

Boston Swordfern

波斯頓腎蕨為多年生草本植物，是種非常翠綠茂盛的植物，不論室內或戶外皆可種植。因有淨化空氣能力、又好照顧，因此很受歡迎。常見有密葉、皺葉及細葉等品種，除了做為盆栽，也是常見的造園假山點綴性植物。

DATA

分類：	腎蕨科 / 腎蕨屬
特性：	耐陰、耐旱
觀賞重點：	翠綠茂盛的葉片，恣意生長中營造出熱鬧繁榮的氣氛。

// 怎麼挑 //

莖葉健康有精神，沒有捲邊、不枯萎的植株。

// 怎麼種 //

光線：半蔭蔽的環境。
水分：待盆土變輕時，再補充水分。
施肥：每 2 個月施肥 1 次。
土質：土質鬆散、透氣性好及排水通暢的中性或是微酸性土壤。
繁殖：因不會產生孢子，全年均可分株繁殖。

種植小訣竅

翠綠茂盛的波斯頓腎蕨可擺放於室內或種植在戶外，相當容易照料，但植株很容易生長茂盛，因此充足的生長空間很重要。

虎耳草

Saxfrage

因為葉片似老虎的耳朵而得名，是款常綠植物，具鱗片狀的葉子、似勳章般的花朵，都是主要觀賞重點，而且全草均可入藥。放在室內，還可以吸收二氧化碳，製造氧氣，同時增加空氣中的負離子含量。

DATA

分類：虎耳草科 / 虎耳草屬

特性：喜歡陰涼濕氣重的環境

觀賞重點：像老虎耳朵的葉片、像勳章般的小花，非常迷人。

// 怎麼挑 //

葉脈清晰、無破損的「大耳」或「小耳」植株。

// 怎麼種 //

光線：微弱光。
水分：每日澆水 1 次。
施肥：每 1 個月施肥 1 次。
土質：肥沃疏鬆腐植土或砂質土。
繁殖：春季時播種或扦插繁殖。

種植小訣竅

生長期需要大量澆水，讓盆土保持濕潤，但不能積水。在開花後的 2 周，水量要逐漸減少。

彩虹竹芋

Calathea Roseopicta

因葉緣處有一圈玫瑰色或銀白色環形斑紋，好像一條彩虹而得名；又因葉背具紫紅斑塊，遠看像盛開的玫瑰花，也叫「玫瑰竹芋」。原產巴西，因極為耐陰，葉色珍奇美麗，非常適合家居室內裝飾美化、綠化之用。

DATA

分類： 竹芋科 / 肖竹芋屬

特性： 喜濕潤環境，不耐熱、忌高溫，忌陽光曝晒，不耐寒

觀賞重點： 葉背有紫紅色板塊，遠看像盛開的玫瑰花。

// 怎麼挑 //

葉叢茂盛、葉面大無破損、顏色對比強的植株。

// 怎麼種 //

光線：低光度或半陰。
水分：1 天 2 次。
施肥：每 2 個月施肥 1 次。
土質：需要排水及通氣性良好的砂質土。
繁殖：於春季以分株法繁殖。

種植小訣竅

當出現黃葉、病葉或過密葉片時，需要儘快剪除，以免株葉擁擠影響形態。

彩葉芋

Fancy-leaf Caladium

彩葉芋令人吸睛的葉色，讓它成為極受歡迎的盆栽。不僅品種多達數百種，即使同一品種，葉片紋路也有所不同，在綠色的基底上，有白、粉紅、深紅、綠色的斑點與脈紋，有些品種的葉子更是呈半透明白色或粉紅色，非常神奇。

DATA

分類：	天南星科 / 花葉芋屬
特性：	喜歡高溫潮濕的環境
觀賞重點：	葉片紋路千奇百怪是欣賞重點。

// 怎麼挑 //

莖枝粗壯、自己喜愛的葉色。

// 怎麼種 //

光線：微弱光或散光即可。
水分：每周澆水 1～2 次，不可積水。
施肥：春秋兩季每 1～2 個月施肥 1 次。
土質：肥沃疏鬆和排水良好的土壤。
繁殖：春季採用分株、葉柄水插等方式繁殖。

種植小訣竅

一發現枯黃葉片立即摘除，葉片過密時可剪過，藉以促發新葉。花苞不具觀賞價值，開花時可即時剪去，以減少養分消耗。

粗肋草

Aglaonema

粗肋草既強壯又容易生長，即使在惡劣條件的環境下都能夠生存下來，而且無需經常修剪，外型也能維持美觀，是園藝初學者最佳栽種植物之一。它能有效降低二氧化碳濃度、吸附室內灰塵等，是很棒的室內觀賞植物。

DATA

分類：天南星科／粗肋草屬

特性：有光照的室內環境，但過多的光照會使葉子褪色

觀賞重點：葉斑顏色繁多，不同品種會有不同的斑斕或斑紋分布於葉面。

// 怎麼挑 //

莖枝粗壯、葉片茂密、翠綠的植株。

// 怎麼種 //

光線：中、低光度環境，即使在光線微弱處亦可。
水分：等土壤乾了，再澆水至微濕。
施肥：每 2 個月施肥 1 次。
土質：一般的培養土即可。
繁殖：取帶葉的莖節扦插繁殖。

種植小訣竅

若長時間忘記澆水，將嚴重影響粗肋草生長，定期澆水是必要的。另外，不要隨便修剪粗肋草，錯誤的修剪會讓粗肋草莫名死亡。

細葉卷柏

Selaginella Apoda

又名「冰淇淋卷柏」，也稱「九死還魂草」，它在極乾的環境可以從土壤分離，但只要根系在水中浸泡後就又可以存活而得名。要注意的是它並不是水生植物，不能整株放入水中，只能充分噴灑水霧保濕。

DATA

分類：	卷柏科 / 卷柏屬
特性：	喜潮濕的環境
觀賞重點：	葉片細小如鱗、密集叢生，捲曲細緻，非常可愛。

// 怎麼挑 //

整盆茂密、勻稱，葉色鮮綠的植株。

// 怎麼種 //

光線：具有耐陰特性。
水分：3天1次，但生長期間需要大量澆水，保持盆土充分濕潤。
施肥：耐瘠薄，通常不需施肥。
土質：肥沃的砂質土或腐植土均可。
繁殖：春季時採分株或扦插法繁殖。

種植小訣竅

建議養在蔭蔽處，不曝晒、不積水，放通風室內，有一點點散射光即可。

黃金葛

Epipremnum Aureum

因為葉片形狀似愛心，因此深受許多人喜愛。種植在室內能生產氧氣、吸附空氣中的落塵，還可以淨化甲醛、甲苯等揮發性有機污染物。莖節處容易長出氣生根，具攀爬能力，可攀附蛇木柱、樹幹或沿著桌面生長。

DATA

分類：	天南星科 / 麒麟葉屬
特性：	耐陰、喜歡溫暖濕氣重的環境
觀賞重點：	不規則的奶油色或金黃色斑紋葉面，是欣賞重點。

// 怎麼挑 //

莖節距離短、葉片厚實、油亮。

// 怎麼種 //

光線：微弱光或明亮光均可。
水分：每日澆水 1 次。
施肥：春秋兩季各施肥 1 次。
土質：疏鬆、富含有機質、排水良好的土壤。
繁殖：隨時以扦插繁殖。

種植小訣竅

黃金葛藤蔓過長可修剪，促進生長更茂盛，同時修剪下來健康的帶葉的莖部，還可扦插再繁殖。要注意的是黃金葛的汁液具有毒性，接觸後務必要洗手。

翠雲草

Grass Green

又名「藍地柏」，是一種中型匍匐蔓生觀賞蕨，在分支處很容易長出氣生根，一接觸到土壤就成新植株。特別喜歡溫暖濕潤的半陰環境，光線太強會使它獨特的藍綠色消失，具有調節室內空氣、美化居室的作用。

DATA

分類：卷柏科 / 卷柏屬

特性：喜潮濕的環境

觀賞重點：羽葉細密，會發出藍寶石般的光澤。

// 怎麼挑 //

葉色藍綠、細葉茂密的植株。

// 怎麼種 //

光線：具有耐陰特性。
水分：需充分保持盆土濕潤、平日多噴灑水霧增加濕度。
施肥：每年春秋施肥。
土質：疏鬆、肥沃，保水力佳，透氣性好的砂質土或腐植土均可。
繁殖：春季時採分株或扦插繁殖。

種植小訣竅

室內環境過於乾燥，容易導致葉子枯萎，種植的環境一定要保持溫暖濕潤，生長期須常於葉面噴水保濕，加上通風良好，就能養得漂亮。

彈簧草

Juncus Effusus

為多年生草本植物，因酷似黑人的頭髮，又有「黑美人」之稱。成株叢生狀，枝葉密集不易凌亂。它是室內空氣淨化器，於室內種植可增加氧離子含量，也能吸收空氣甲醛、二氧化硫及硫化氫等。多為盆栽或地被植物栽培。

DATA

分類：	爵床科 / 蘆利草屬
特性：	喜歡溫暖濕潤環境
觀賞重點：	葉片呈心形或圓形，小巧可愛。

// 怎麼挑 //

葉量多、有綠黑光澤的葉片植株。

// 怎麼種 //

光線：微弱光。
水分：每 1 ～ 2 日澆水 1 次。
施肥：每 2 個月施肥 1 次。
土質：肥沃疏鬆腐植土或砂質土。
繁殖：春季時分株或扦插繁殖。

種植小訣竅

這種植物相當耐陰，只要有散光的照射即可，過多的日晒會讓葉片焦黑，讓葉片看起來就像龜殼。

皺葉椒草

Peperomia Caperata

最大特色是有著皺摺的葉面，耐陰性極佳，非常適合室內生長。種類極多，有叢生型、直立型、匍匐型等，葉色有綠葉及紫葉品種；葉型也有斑點、卵形及橢圓形等分別。葉面具高度的滯塵及降低二氧化碳濃度的能力。

DATA

分類：	胡椒科 / 草胡椒屬
特性：	喜歡溫暖濕潤環境
觀賞重點：	葉片光亮青綠，十分美觀。

// 怎麼挑 //

葉片皺紋明顯、葉片厚實的植株。

// 怎麼種 //

光線：半陰散光。
水分：每日澆水 1 次，灑水霧。
施肥：每年春秋施肥 1 次。
土質：排水良好的腐葉土。
繁殖：春季時採扦插或分株繁殖。

種植小訣竅

這種植物只要有散光的照射即可，光線太強反而容易導致葉片顏色變黃；但是光線太弱時，葉片也容易失去光澤。冬季可放在陽光略微充足的地方。

黛粉葉

Dumb Cane

又名「彩葉秋海棠」，常見的品種有「星光燦爛」、「黃金寶玉」、「白玉」等。青蔥色的葉片上伴隨著奶油黃與白色交錯分布的紋理，能讓客廳、臥房、辦公室或其他室內空間更顯明亮，還有讓空氣淨化的效果。

DATA

分類：	天南星科 / 黛粉葉屬
特性：	喜歡高溫潮濕的環境，耐陰
觀賞重點：	葉色鮮豔翠綠，常伴有白、黃綠或黃色不規則斑塊。

// 怎麼挑 //

莖枝粗壯、枝葉密集的植株。

// 怎麼種 //

光線：微弱至半陰的環境。
水分：每天 1 次。
施肥：每 2 ～ 3 個月施肥 1 次。
土質：一般的培養土。
繁殖：春季或初夏進行，採用扦插方式繁殖。

種植小訣竅

黛粉葉全株均有毒，即使毒性不強，但是誤食仍會引起紅腫，甚至無法說話，因此又有「啞蕉」之稱。換盆、修剪時，要多加小心。

鐵線蕨

Maidenhair

別名是少女的髮絲或孔雀羊齒，是低海拔到中海拔常見的蕨類。喜明亮的散射光，最怕太陽直晒；非常耐陰，在陰暗的角落生長迅速。外形柔美，因此在園藝界大量栽培，極具觀賞價值，非常適合小盆栽培。

DATA

分類：鐵線蕨科 / 鐵線蕨屬

特性：喜冷涼氣候、濕度高之環境

觀賞重點：葉片細緻，搭配柔亮的葉柄，風吹時搖曳生姿。

// 怎麼挑 //

莖枝分枝多、葉色青翠的植株。

// 怎麼種 //

光線：微弱至半陰的環境。
水分：1 天 1 次。
施肥：每 1 個月施肥 1 次。
土質：喜疏鬆、肥沃的酸性土壤。
繁殖：春、夏季時分株，成功率最高。

種植小訣竅

種植的過程中若發現枯葉，要及時剪除，以使植株能保持美觀，也有利萌發新葉。

觀葉秋海棠

Assam King Begonia

又名彩葉秋海棠，品種繁多，各具特色，是耐陰性極強的植物，在光線不足的室內環境，也能生長良好。此為觀葉型植物，斑斕的葉片有綠色、紅色、銀色、紫色等顏色，還有各種不同的紋路，非常耐看。

DATA

分類：	秋海棠科 / 秋海棠屬
特性：	喜歡溫暖濕潤和通風良好的半陰環境，忌乾旱
觀賞重點：	葉片碩大、色彩絢麗，是非常美麗的觀葉植物。

// 怎麼挑 //

莖株直挺有力、葉面完整的植株。

// 怎麼種 //

光線：微弱至半陰的環境。
水分：2 天 1 次。
施肥：每 2 個月施肥 1 次。
土質：排水較好的砂質土。
繁殖：以分株、莖插、葉插為主，春季最適合。

種植小訣竅

種植需保持盆土濕潤，不能等到土壤完全乾透再澆水，也不能盆土長期積水，以免造成爛根。

PART ④

不怕熱
耐晒的綠色植物

這類植物最愛沐浴在陽光下，
有了豔陽的洗禮，
它們會用最美的那一面回饋你！
於是，照顧好植物，
也療癒了你的身心。

九重葛

Paper Flower

多年生蔓性喬木，因為生長快速、顏色多樣，可以塑造成各種姿態而深受消費者歡迎。酷愛陽光的九重葛，有紫、紅、白、橙黃或深紅等色，也有單瓣、重瓣及斑葉等品種，花瓣薄如紙，因此又被稱作「Paper Flower」。

DATA

分類：紫茉莉科 / 南美紫茉莉屬

特性：喜歡陽光充足、耐旱

觀賞重點：生長快、耐修剪，可打理成不同造型，還有眾多的花色。

// 怎麼挑 //

莖枝粗壯、葉片翠綠的植株。

// 怎麼種 //

光線：全日照的環境。
水分：土壤乾至土深 2 公分，才需要澆水。
施肥：冬季花開期施少量肥。
土質：一般的培養土。
繁殖：春至夏季進行，採用扦插、高壓或嫁接法繁殖。

種植小訣竅

春天生長旺季時，因為枝葉生長快速，建議適時修剪，避免雜亂無章。如果以盆栽栽種九重葛，建議每兩年換土換盆一次，避免因為長時間土壤硬化導致生長變慢。

小葉軟枝黃蟬

Oleander Allamanda

為多年生常綠灌木，因花蕾的樣貌很像即將羽化的蟬蛹，加上枝條柔軟，因而得名。軟枝黃蟬喜溫暖濕潤、陽光充足的環境，是耐半陰、怕旱、不耐寒的植物。植株乳汁、樹皮和種子都有毒，因此在修剪時要特別注意。

DATA

分類：夾竹桃科 / 黃蟬屬

特性：喜歡高溫多濕環境

觀賞重點：花大色豔，與綠葉搭配是夏天最美的顏色。

// 怎麼挑 //

全株葉面呈肥厚質狀，葉尖朝天的植株。

// 怎麼種 //

光線：全日照的環境。
水分：每天澆 1 次，冬季 1 周澆水 2 次。
施肥：每 1～2 個月施肥 1 次。
土質：富含腐植質的壤土或砂質土生育最佳。
繁殖：春、秋季進行，採用扦插法繁殖。

種植小訣竅

軟枝黃蟬因為莖枝本身具纏繞性，建議設立支架讓它攀爬，或修剪整型成灌木的形狀較佳。

六月雪

Japanese Serissa

六月雪又有碎葉冬青、素馨等俗名，為一種常綠小灌木，花朵一般在六月盛開，白色的花瓣隨風搖曳，遠看猶如六月飄雪而得名。另外它的品種不少，如：金邊六月雪、斑葉六月雪及重瓣六月雪，也有淡紫花的品種等。

DATA

分類：	茜草科 / 六月雪屬
特性：	喜歡溫暖濕潤環境
觀賞重點：	枝椏纖細，有種線條美。

// 怎麼挑 //

全株姿態優雅的植株。

// 怎麼種 //

光線：日照充足的環境。
水分：每天澆 1 次。
施肥：每 2 ～ 3 個月施肥 1 次。
土質：透氣、排水良好的砂質土最佳。
繁殖：於春季時進行，採用扦插及分株法繁殖。

種植小訣竅

因為生長快速，一旦發現枝葉過密時，建議儘快修剪多餘的新枝，以免導致樹形改變，喪失原本美感。

水芙蓉

Water Lettuce

水芙蓉的繁殖能力超強，據說一株健康的水芙蓉，在無任何干擾下，一年內可以「變出」6萬株！因此棄養下很容易成為生態浩劫。建議可以選 1～2 株養在水缸裡，連同小魚一起飼養，有水有魚有植物，非常美麗。

DATA

分類：天南星科 / 大萍屬

特性：喜歡溫暖多濕環境

觀賞重點：叢生時宛如玫瑰花綻放，葉片沾著露水時非常美麗。

// 怎麼挑 //

叢生時姿態優雅、葉片厚實的植株。

// 怎麼種 //

光線：日照充足的環境。
水分：以自來水栽培即可。
施肥：不需施肥。
繁殖：隨時可進行，以分株法繁殖。

種植小訣竅

水芙蓉的繁殖神速，很快就佔滿栽種空間，甚至妨礙其他水生植物的生長，建議經常清除過剩的植株，將它送人或晒乾，切不可隨意丟棄於河渠或池塘，造成生態的破壞。

布袋蓮

Water Hyacinth

台灣常見的土型水生植物，淡紫色花朵在夏季時滿開，非常美麗。其一枚花瓣上表面有眼狀斑紋，又稱為「鳳眼蓮」。早期農家的豬飼料，嫩葉、葉柄及花都可當野菜吃，還有淨化水中的汞等有害物質的作用。

DATA

分類：雨久花科 / 布袋蓮屬

特性：喜歡溫暖多濕環境

觀賞重點：花開時滿滿的浪漫藍紫豔麗奪目。

// 怎麼挑 //

葉色翠綠、花序小花數目繁多的植株。

// 怎麼種 //

光線：日照充足的環境。
水分：以自來水栽培即可。
施肥：不需施肥。
繁殖：自身即可透過走莖繁殖。

種植小訣竅

和水芙蓉一樣繁殖神速，但它可以淨化水質，因此與魚類共生很適合。

向日葵

Sunflower

一年生草本植物的向日葵，植株形狀、高度及花序大小、顏色等均有多種不同變化，變異性之大，多彩多姿。除可供油用及食用外，也可做為綠肥。適合盆栽種植的品種為矮種日葵，其中「大微笑品種」深具市場潛力。

DATA

分類：	百合科 / 鷹爪草屬
特性：	耐蔭、耐旱
觀賞重點：	深綠色的葉子背面，長了許多像糖霜的白色凸點，非常可愛。

// 怎麼挑 //

枝幹直立健壯的植株。

// 怎麼種 //

光線：日照充足的環境。
水分：每1天澆1～2次。。
施肥：每周施肥1次。
土質：一般市售栽培土即可。
繁殖：每年春秋兩季以播種法為主。

種植小訣竅

種子剛種下去時，記得要保持泥土濕潤，待出苗後，水不要多澆，否則很容易爛根。

朱槿

Chinese Hibiscus

因葉片狀似桑葉，所以又被稱為「扶桑」，是典型的熱帶花卉，不僅是夏威夷的州花，也是馬來西亞的國花。常見的品種有大花扶桑、南美朱槿、重瓣扶桑等，台灣全年都是它的花期，隨時都可以看到它盛開的樣子。

DATA

分類：百錦葵科 / 木槿屬

特性：喜陽光充足，耐旱、耐濕

觀賞重點：花開得又大又漂亮，拿掉花瓣還可以舔到蜜汁。

// 怎麼挑 //

枝幹直立具有多數分枝，枝葉繁茂的植株。

// 怎麼種 //

光線：日照充足的環境。
水分：每 1 ～ 2 天澆 1 次。。
施肥：每個月施肥 1 次。
土質：以肥沃砂質土或透氣性佳的腐葉土為佳。
繁殖：每年春夏以扦插法為主。

種植小訣竅

朱槿在冬天時生長會較為緩慢，如果覺得它長得過高，可趁此時修剪，並在春天時施肥。

美女櫻

Verbena Hybrida

原產於南美洲，為多年生草本植物，花形像美人般嬌小可愛而得名。花朵多、顏色豐富，常見有紅、黃、白、紫等色；也有裂葉和羽葉品種。是炎熱夏季盛開的植物，特別是在盛開時期花朵相當多，幾乎看不到葉片。

DATA

分類：	馬鞭草科 / 馬鞭草屬
特性：	喜高溫暖的環境，略耐旱
觀賞重點：	花開時花朵有如一把把小花傘，非常吸睛。

// 怎麼挑 //

莖枝健壯、外型美觀、花序多的植株。

// 怎麼種 //

光線：日照充足的環境。

水分：夏天每天澆 1～2 次；春秋則每天澆 1 次；冬季每 2 天澆 1 次。

施肥：每周施肥 1 次。

土質：一般市售培養土或含有機質的砂質土即可。

繁殖：春季時進行，以播種為主；6～7 月以扦插法繁殖為主。

種植小訣竅

開花後建議把殘花剪掉，才能促進新枝萌發。想要有爆盆的美女櫻，可以在生長初期、花期前，不斷的摘心，促使枝條分枝。

彩葉

草

Skullcaplike Coleus

彩葉草又叫「洋紫蘇」，是多年生草本植物，葉片原本也是全綠，但因基因突變，令葉片部分甚至整塊都缺乏葉綠素，同時也出現不同形狀，反而呈現出不同的美。之後經過人工培育，便成為市面上各異其趣的彩葉草。

DATA

分類：唇形花科／鞘蕊花屬

特性：喜高溫濕潤的環境

觀賞重點：葉片形狀多變、色彩豐富。

// 怎麼挑 //

莖短、葉片多且無枯萎的植株。

// 怎麼種 //

光線：日照充足的環境。
水分：夏天每天澆 1 次；冬天見乾再澆。
施肥：每個月施肥 1 次。
土質：有肥力、土質鬆散、排水通暢的砂質土為佳。
繁殖：每年春至秋以扦插或播種法為主。

種植小訣竅

為了避免彩葉草長得過高，建議要按時整理。可以從頂部及外側略加修剪，讓它矮化，同時使葉片向外伸延，如此才能保持形態美觀。

細葉雪茄

Cigar Flower

原產地在中美洲墨西哥至瓜地馬拉等，由於它的果實外型長得很像雪茄而得名。它的花跟葉子一樣，都小巧玲瓏，非常可愛。全年開花，生長期很長，有淡紫、桃紅色或白色的小花密布於萬綠叢中，非常討喜。

DATA

分類：	千屈菜科克非亞草屬
特性：	喜高溫濕潤的環境
觀賞重點：	可愛的迷你淡紫、桃紅色或白色小花。

// 怎麼挑 //

莖枝多、茂盛翠綠的植株。

// 怎麼種 //

光線：日照充足的環境。
水分：每天澆 1 次，不可積水。
施肥：每個月施肥 1 次。
土質：有排水通暢的砂質土為佳。
繁殖：每年春至夏季以扦插或播種法為主。

栽種

如果植株散亂，可以大幅度的修剪成圓形或扁圓形。

紫薇

Common Crepe Myrtle

俗稱「百日紅」，花期長，可以從初夏一直開花到秋末。特別的是它並無樹皮。花色變化多端，有紫紅、濃紫、淡紫、白，另有桃紅色鑲白邊等。它對抗空氣污染的能力極佳，可吸附空氣中有毒物質，改善空氣品質。

DATA

分類：千屈菜科紫薇屬

特性：喜高溫濕潤的環境，很耐旱

觀賞重點：欣賞獨特的樹型及美麗的花朵。

// 怎麼挑 //

莖幹健壯、分枝多的植株。

// 怎麼種 //

光線：日照充足的環境。
水分：夏天每天澆1次；冬天每周澆水1～2次。
施肥：每個月施肥1次。
土質：深厚肥沃的砂質土為佳。
繁殖：3～4月時進行，以扦插為主。

種植小訣竅

酷愛陽光，如果光照不足，不但植株花少或不開花，甚至會生長緩慢而枯萎。

楓葉天竺葵

Vancouver Centennial Geranium

楓葉天竺葵是多年生草本植物，是能賞葉又可觀花的植株，它的耐熱性在天竺葵中是數一數二的，特殊之處是葉片有如掌狀般，裂片尖銳形如楓葉。它也會開花，而花朵也同葉片有裂片特徵，花瓣較窄，大小也不同。

DATA

分類：牻牛兒苗科 / 天竺葵屬

特性：喜陽光充足的環境

觀賞重點：如楓葉般的葉片，深具觀賞價值。

// 怎麼挑 //

莖葉健壯、葉色美麗的植株。

// 怎麼種 //

光線：日照充足的環境。
水分：等土乾或葉片略微萎軟時才澆。
施肥：每 2 周施肥 1 次。
土質：一般市售培養土或疏鬆且含有機質的砂質土即可。
繁殖：每年春秋兩季以扦插法為主。

種植小訣竅

楓葉天竺葵喜歡陽光充足的環境，如果日照不足，黃色部分就會變成黃綠色，同時紅斑也會褪色。另外在栽種時，切忌淋雨，以免接之而來的大晴天，容易導致植株因感染病菌而亡。

睡蓮

Water Lily

睡蓮又叫「子午蓮」，是一種多年生水生植物，因為花朵晚上會閉合，早上會張開而被譽為「花中睡美人」，根部可吸收水中有害物質，亦可過濾水中的微生物，對於污水有極佳的淨化效果。顏色則因品種而有所不同。

DATA

分類：睡蓮科 / 睡蓮屬	
特性：喜歡溫暖高濕之環境	
觀賞重點：出淤泥而不染的花朵。	

// 怎麼挑 //

喜歡的花色、根部健壯、葉片完整無褐斑的植株。

// 怎麼種 //

光線：全日照的環境。
水分：水位變低就要補充。
施肥：每 1 個月施肥 1 次。
土質：肥沃黏質土壤。
繁殖：大多在春季採用無性繁殖，最常用的方法是分株及分割塊莖的方式。

種植小訣竅

蓮花與荷花，其實是相同的植物。蓮花統稱為荷花，指的是葉片高挺於水面的蓮花、葉子沒有缺口；睡蓮的葉片則是浮於水面，而且葉子呈波浪狀。

矮仙丹花

Jungle Geranium

原產於熱帶亞洲，又叫作「紅繡球」，屬於常綠灌木或小喬木，是優良蜜源植物。它有多種花色，最常見的有橘色、鵝黃色、奶油色、粉紅色及白色等品種，只要充足的光線，再加上把握修剪適當時機，很容易爆盆。

DATA

分類： 茜草科 / 仙丹花屬

特性： 喜溫暖高濕的環境，很耐旱

觀賞重點： 半圓球形的花序陸續開展，一整片紅色的花海。

// 怎麼挑 //

莖幹健壯、花序多的植株。

// 怎麼種 //

光線：日照充足的環境。
水分：夏天每天澆 1 次；冬天每周澆水 1～2 次。
施肥：每個月施肥 1 次。
土質：一般市售培養土即可。
繁殖：春夏季時進行，以扦插或高壓法繁殖為主。

種植小訣竅

栽培時宜選擇向陽、空氣流通及排水良好的地方，以盆栽栽種時，每年需換盆一次。

紫背鴨跖草

Wandering Jew Zebrina

多年生草本植物，原產地墨西哥，生長速度極快，因葉背呈紫色，且葉形又像竹狀，常用盆栽懸掛於室內觀賞，所以又叫「吊竹梅」。它雖是藥用植物，但汁液具有刺激性，若不小心觸及汁液須立即用水沖洗。

DATA

分類：鴨跖草科 / 鴨跖草屬	
特性：喜歡溫暖高濕的環境	
觀賞重點：葉片呈銀灰色、紫紅色或綠色相間，非常具有觀賞價值。	

// 怎麼挑 //

莖節短簇但葉片緊密的植株。

// 怎麼種 //

光線：全日照的環境。
水分：春至秋季每天澆水 1 次；冬季供水可減少。
施肥：每 1 個月施肥 1 次。
土質：肥沃腐植土壤。
繁殖：大多在春季採用無性繁殖，最常用的方法是分株及分割塊莖的方式。

種植小訣竅

鴨跖草原則上喜歡充足的陽光，雖可於陰處種植，但長期光照不足，莖節容易變長，變得細弱瘦小，葉色也會變淺。

麒麟花

Crown of Thorns

麒麟花是熱帶國家常見的盆花，花色有紅、黃、橘、粉紅等。泰國人認為它是幸運的象徵，若自家栽培的花開得越多，就能帶來越多的幸運。我們常看到的花，其實是苞片，真正的花則位於苞片中心處，非常不顯眼

DATA

分類：	大戟科 / 大戟屬
特性：	喜溫暖的環境，很耐旱
觀賞重點：	小巧的粉紅色花朵，可愛模樣深入人心。

// 怎麼挑 //

莖幹健壯、外型美觀的植株。

// 怎麼種 //

光線：日照充足的環境。
水分：每周澆 2 次，忌潮濕。
施肥：每 3 個月施肥 1 次。
土質：一般市售培養土即可。
繁殖：春至秋季時進行，以扦插法繁殖為主。

種植小訣竅

建議花期結束後，對過長或過密的枝條進行修剪，以主枝不宜過長、側枝不可太短的原則來修剪。

飄香藤

Brazilian Jasmin

飄香藤又叫「雙喜藤」，是多年生常綠藤本植物，品種與花色都很多，有桃紅、深紅、白色及單瓣、重瓣等品種。莖枝形狀優美、花色繁多又豔麗，不論是盆栽或栽種在庭院中，當作籬笆、棚架，都很受歡迎。

DATA

分類：夾竹桃科 / 飄香藤屬

特性：喜歡溫暖潮濕的環境

觀賞重點：花季盛開時，燦爛奪目。

// 怎麼挑 //

葉片皺摺明顯、花苞多的植株。

// 怎麼種 //

光線：日照充足的環境。
水分：每天澆水 1 次。
施肥：每 1 個月施肥 1 次。
土質：富含腐殖質且排水良好的砂質土為佳。
繁殖：春至秋季時進行，以扦插法繁殖為主。

種植小訣竅

飄香藤酷愛溫暖濕潤的環境，也喜歡充足的日照，雖然放置在稍微遮蔭處亦可，但光線不足會影響花開。花期過後建議可以修剪，藉以萌發強壯新枝。

plant 008

簡單種綠色植物
植物殺手也能養活的紓壓盆栽

作者｜美好生活實踐小組
攝影｜褚凡
美術設計｜許維玲
編輯｜劉曉甄
企畫統籌｜李橘
總編輯｜莫少閒
出版者｜朱雀文化事業有限公司
地址｜台北市基隆路二段 13-1 號 3 樓
電話｜02-2345-3868
傳真｜02-2345-3828
劃撥帳號｜19234566　朱雀文化事業有限公司
E-mail｜redbook@hibox.biz
網址｜http://redbook.com.tw
總經銷｜大和書報圖書股份有限公司 (02)8990-2588
ISBN｜978-986-99061-5-9
初版一刷｜2020.08
定價｜220 元

出版登記｜北市業字第 1403 號

國家圖書館出版品預行編目

簡單種綠色植物：植物殺手也能
養活的紓壓盆栽 / 美好生活實踐
小組著 ,一初版 .一
台北市：朱雀文化，2020.08
面； 公分 .一(plant：008)
ISBN 978-986-99061-5-9
1. 盆栽　2. 園藝學
435.11　　　　　　109011633

About 買書

●實體書店：北中南各書店及誠品、金石堂、何嘉仁等連鎖書店均有販售。建議直接以書名或作者名，請書店店員幫忙尋找書籍及訂購。
●●網路購書：至朱雀文化網站購書可享 85 折起優惠，博客來、讀冊、PCHOME、MOMO、誠品、金石堂等網路平台亦均有販售。
●●●郵局劃撥：請至郵局窗口辦理（戶名：朱雀文化事業有限公司，帳號 19234566），掛號寄書不加郵資，4 本以下無折扣，5 ～ 9 本 95 折，10 本以上 9 折優惠。